ラブ♡ほお袋

監修 福士悦子

辰巳出版

はじめに

リスの世界を覗いてみませんか？

「リスが好きです」というと、「どうしてリスなの？」とよく聞かれます。犬のようには懐かなそう、猫みたいに抱くには小さすぎるし、どこがいいの？　との言葉も。

　リスの魅力。それはたとえば、膨らむほお袋やフワフワのシッポなど、絵に描いたような愛らしいカタチ。前足を器用に使い、種を食べる時の独特な仕草は、見ているだけで和みます。ご機嫌だったかと思うと、眠そうだったり、そうかと思うと怒っていたり。そんな変化にも、よく観察していれば気付くことができるようになり、見れば見るほど、可愛さや面白さが見つかります。

　じつはペットとして飼う人が意外に多く、リスを身近で観察できる「リス園」という施設も全国各地にあります。犬派・猫派ほど知名度はないものの、隠れた人気で「リス派」のみなさんも数多くいます。

　この本では、リスの魅力がより多くの人に伝わるよう、そのチャーム・ポイントのひとつ「ほお袋」に注目してみました。そして、シマリスを中心に写真を豊富に掲載し、リスをモチーフにしたイラストや雑貨、ちょっとした知識まで、幅広くご紹介しています。

　リスの世界を様々な角度から見ることで、あなたならではの素敵な発見がありますように。

福士悦子

目次

- 7　**Ⅰ　おはようございリス**
  Photo by　三浦大介、菜十木ゆき、中村あや、鈴木さゆり、まゆ美、yasukoyamaguchi

- 49　**Ⅱ　こんにちはリス**
- 50　Goods　　　little shop & other Artists
- 65　作ってみよう！　［飛び出すほお袋］＆リスのこぼれ話
- 69　ぬりえのページ　『シマリスとキノコ』『シマリスの春』『シマリスの夏』
- 72　作ってみよう！　［りすクッキー、りすラテ］［プラ板りすブローチ］ほか

- 76　**知っておきたい リスのこと**　──あなたが「森」になってください。──　　大野瑞絵

- 82　**リスに会いたくなったら**　──全国・リス園ガイド──

I
おはようございリス

あたし、リスです。
こう見えて、けっこう野性的なところが魅力のひとつ。
もっといろいろ知ってもらいたいから、仲間たちの生活ぶりをご案内しますね。
森へ公園へ、そしてケージの中へ。さあ、どうぞ！

ほお袋は
大切な食料の収納場所、
運搬用のバッグがわり、
そしてチャーム・ポイント！

キミは、だれ……？

これなら、余裕で入りそう

リスには花がよく似合う

ここに、おいでよ

掘って 掘って

掘って……　　　　　　　　　　掘る

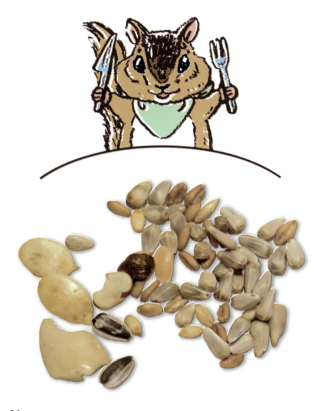

こんなの、入ってました

大切な大切な、
ほお袋。
起きているときには
食料が、
眠っているときには
夢がつまっている……

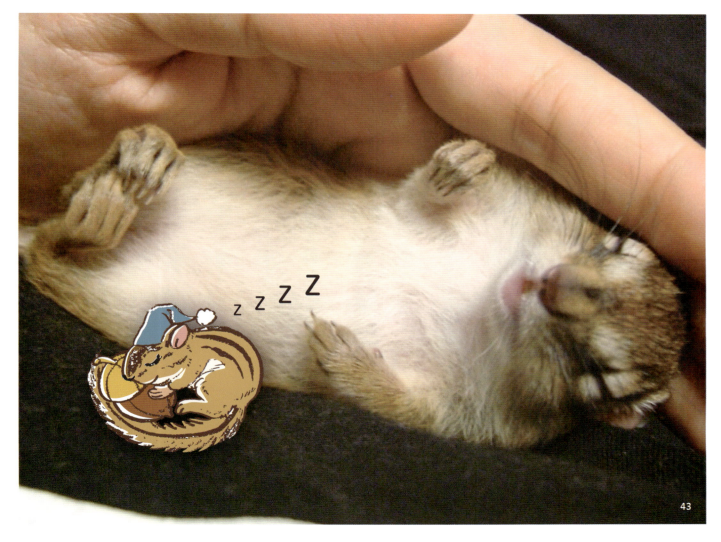

ニホンリス、です。
シマリスとは
ちょっと違うでしょ？
主に、樹の上で暮らしてます。

ネコの次は、リスだ！
肉球の次は、ほお袋だ！！

Ⅱ
こんにちはリス

ホンモノがそばにいなくても、「リスとの暮らし」は楽しめます。
どんなモノでも、リスが付いているだけで幸せになる、
そんなリス好きさんのために、多彩なアイテムをご用意しました。
「リス分」をたっぷり補給して、「リス充」な毎日を！

Goods

そばにあるだけで楽しくなる、うれしくなる、
そんなリス・パワーいっぱいのグッズを
集めてみました。

※作家作品なので、イベントのときなど、
　入手できるのは限られた場所・期間だけ、というものも。
　出会ったとき、見つけたときは、
　貴重なチャンスですので、お見逃しなく！

"little shop"
Etsuko Fukushi

飼っていたリスをモデルに、
ぬいぐるみを作り始めたのが"little shop"。
手縫いでシマ模様まで手描きなので、
一頭ずつ、顔も違います。
衣装で変身してる子も、時々います。

リスの魔法使い
ほうきに乗って、ひとっ飛び〜。

天使の羽。
本物のリスも、
天使みたいに可愛いから。

きのこ狩りをするリス。

"little shop"の
イラストをプリントした、
リスグッズ。

少量生産品が多いので、
お気に入りに出会えたら、
連れて帰ってくださいね。

マグカップいろいろ。

デミタスカップも。

トートバッグは、
絵柄を変えつつ、長く愛されて。
たくさんのポーズが並ぶ柄は、
特に好評です。

ハンカチは北欧風花柄とリスの組み合わせ。

パスケースにも、リスがずらり。

メーカーから発売された
リス雑貨も。

海外で発売のリスグッズ！
台湾のTシャツ販売サイトからリリース。
日本へも発送可能。
発売元：Fandora
http://fandorashop.com

全国の100円ショップで販売の雑貨にもリスが登場。
紙コップ、紙皿の他、ペーパーナプキン等も。
発売元：株式会社まるき
http://www.maruki-youji.co.jp

http://etsukofukushi.blog38.fc2.com

by other Artists

「くるりす」さんの粘土人形。
細かな造形で指先サイズのリス。
手作業の1点物、
物語を感じる仕草も魅力です。
http://blog.livedoor.jp/risurisuoo

「中村 あや」さんの羊毛フェルト。
物心ついた時からのリス好き、
グッズコレクターとしても有名です。
csp_teresa@yahoo.co.jp
Twitter：ayanuts12
Instagram：aya_nuts12

「Maki／りすマニア」さんの羊毛フェルト。
様々なリスに詳しく、
種別の特徴を生かしたデフォルメが愛らしい。
http://makihaphap.blogspot.jp

「〜八感〜 HAKKAN」さんの立体。
パウダーアートという独自の技法で毛並みを表現しています。
http://animal-hyakka.com
hakkan81@yahoo.co.jp

「とうやまみなえ」さんのバッグチャーム。
イラストを生かした手作りのリスパーツに、
植物モチーフが優しい雰囲気です。
touyamarisu@gmail.com
Twitter：Tou_yama

「りす日和」さんの木の小物。
カード立て、ブローチ、一輪挿し。
リスが好きすぎて北海道に移住、
リスの好物、オニグルミの木で作るというこだわりも。
http://www.sulo.jp
info@sulo.jp

「HIGH DESIGN／高橋弘将」さんのネックリス、錫のバングル。
ネックリスは職人さんの特殊技術でパーツを組み合わせて作られています。
錫のバングルは自由に曲げ延ばしすることができます。
可愛いグッズが多い中でシャープなイメージが目をひきます。
http://highdesign.jp
designdesign2009@yahoo.co.jp

「中田智子」さんの指輪。
繊細なもふもふ感でコレクターに人気です。
Twitter：whiteRabbit21Pl
Instagram：touhokunousagi

「東京Aリス／TOKYOALICE」さんの指輪。
ロックなリスをトレードマークに国内外で活躍中。
http://www.tokyoalice.com

「今井杏」さんのストラップ。
ユーモラスな画風が雑貨店でもおなじみ、
リスグッズもいろいろあります。
http://www.anneimai.jp

「〜八感〜 HAKKAN」さんの
スマートフォンケース。
レリーフのリスが今にも飛び出しそう。

「HIGH DESIGN／高橋弘将」さんの缶バッジ。
既存のデザインをリスを使ってパロディ化。
さまざまなイメージが楽しめる、
遊び心いっぱいのアイテムです。

「江本眞知子（りすまち）」さんの缶バッジ。
デザインフェスタに「りす屋」で出展することも。
https://sites.google.com/site/squirrelchild

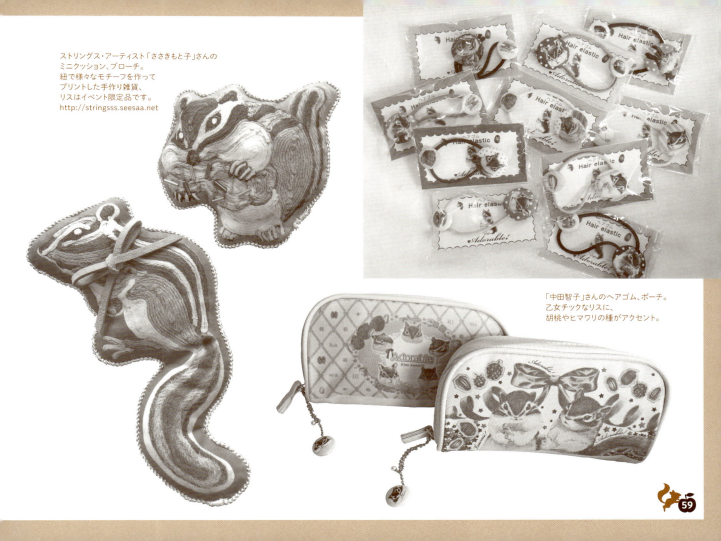

ストリングス・アーティスト「ささきもと子」さんの
ミニクッション、ブローチ。
紐で様々なモチーフを作って
プリントした手作り雑貨、
リスはイベント限定品です。
http://stringsss.seesaa.net

「中田智子」さんのヘアゴム、ポーチ。
乙女チックなリスに、
胡桃やヒマワリの種がアクセント。

「中田智子」さんのミニタオル。
洋服を着たリスが絵本のよう。

「ALOANEあろあね」さんのバッグ。
ダッフルコートを着たリス。
https://minne.com/aloane

「ささきもと子」さんの
カードケース。

「東京Aリス／TOKYOALICE」さんの
トートバッグ。
鮮やかな赤でカッコよく。

「とうやまみなえ／rei」さんのニット帽。
リス漫画家と手作り作家の
貴重なコラボ品はシッポ付き。

「今井杏」さんのコースター。
ほお袋がぷっくりした、味のあるリス。

「りす日和」さんの
くるみ染めのりすリネン。
森でひろったくるみで
染めています。
その木に、実際にリスが
登ったかもしれません。
リスのマークが型抜きで
さりげなく入っています。

「SUNDAYS GRAPHICS 大塚 朗」さんのTシャツ。
リスと音楽やコーヒーをテーマに、
男女共に着やすいデザイン。色展開も豊富です。
http://sdg.main.jp

「東京Aリス／TOKYOALICE」さんのTシャツ。
シンプルなマークが目立ちます。

「TOMOKUNI」さんのTシャツ。
リスグッズとしては異色の、ハードなテイスト。
クールに着こなそう！
http://www.tomokuni.com

「ALOANEあろあね」さんのカード。
リスが持つカードに書き込めたり、
胡桃からリスが現れるなど、楽しい仕掛け付き。

「今井杏」さんのスタンプ。
おとぼけリス。

「とうやまみなえ」さんのスタンプ。
漫画家ならではの、リスらしい、
可愛いポーズに注目!

「今井杏」さんのメモ帳。
絵の具で塗った原画の味わいが、
気軽に楽しめます。

「中村 あや」さんの手描きうちわ。
夏のリスグッズも良いですね。

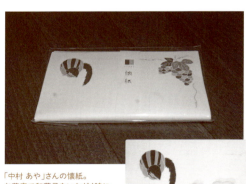

「中村 あや」さんの懐紙。
お茶席で和菓子をいただく時に、
そっと出したい和の雑貨。

「江本眞知子(りすまち)」さんの漫画。
リジンスキーというリスが旅をする不思議なお話です。

作ってみよう!

飛び出すほお袋

次のページを開いてください。
指定部分に切り込みを入れ、
点線部分を折り込むと……。
リスの大きなほお袋が、
誌面から飛び出します!

リスのこぼれ話

[飛び出すほお袋] 作り方

① ——— の部分、2ヵ所に**切り込み**を入れます。

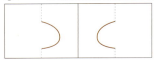

② 切り込みを入れた**曲線部分はそのままに**、点線部分から内側に折り込みます。

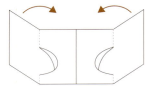

③ 大きなほお袋のリスの顔が完成！

鳥 獣人物戯画で有名な京都・栂尾（とがのお）の高山寺にある、鎌倉時代の名僧・明恵（みょうえ）上人の樹上坐禅像（国宝）。よく見ると、そこには明恵を見つめるリスの姿が！ その意味を探り、歴史をたどるのも面白そう。

ハ リウッドの大女優エリザベス・テイラー（1932〜2011）が子役時代に出版した『Elizabeth Taylor's Nibbles and Me』は、可愛がっていたリスとのエピソードをイラスト付きで綴ったもの。波乱万丈の人生をスタートしたばかりの、まだ可憐な少女の姿がここに。

冬 眠に備え、リスは地面に穴を掘ってエサを隠します。大きなほお袋はエサを運ぶときに活躍するわけですが、せっかく隠したエサなのに忘れてしまうことも多いのだとか。でも、それが発芽して森を育てていくことにもつながっているのだそうです。小さなリスと大きな森。自然の力、生命の循環を感じるお話です。

切り込み線

エサだけでなく、寝床作りの素材を運ぶときにも、リスはほお袋を活用します。秋になると、ケージの床に敷いている新聞紙などを、前足を使って上手に折りたたみながら口に詰め込む様子を見ることができるかもしれません。野生のリスとは違い、屋内で飼われているリスにとって、暖かい寝床作りはそれほど切実なものではないのですが、本来の行動レパートリーのひとつですから、やりたいようにさせてやりましょう。

リスと葡萄を組み合わせた意匠は、多幸・多産を表す吉祥のシンボル。西域からシルクロードを経て伝来したといわれています。中国では16世紀中頃の明代に流行し、絵画や陶磁器などによく描かれるように。日本でも桃山時代になると漆芸品や陶磁器などに登場、やがて「武道に律する」という語呂合わせから、刀の鍔（つば）にも描かれるようになりました。マリー・アントワネットのお気に入りの陶磁器にも、リスと葡萄の装飾付きのものがあったといわれていますが、さて、どんなものだったのでしょう。

切り込み線

リスのなかで冬眠するのはシマリスと、地上で生活するジリスというタイプのリスだけ。つまり、ほお袋があるのもそのリスたちだけで、主に樹上で生活するニホンリスやタイワンリス、キタリスなどにはありません。ちなみに、シマリスは樹上と地上の両方で生活するタイプです。

ほお袋には伸縮性があるので、たくさんのエサを詰め込むことができますが、ベタついたものを入れると、出すときにほお袋が反転してしまったり、出し切れずに残ったものが腐ってしまったりすることがあります。与えるエサには充分な注意が必要です。

1992年、三菱化学生命科学研究所の研究チームは、世界で初めて、哺乳類の冬眠をコントロールする「冬眠ホルモン」を発見。そこには、人間の寿命がもっと延びるなど、さまざまな可能性が秘められているといわれています。この研究に用いられていたのが、じつはシマリス。私たち人間がシマリスの知恵から学ぶことは、まだまだありそうです。

エサをほお袋いっぱいに詰め込んだ様子は、とても可愛いものですが、このほお袋、人間の利き手と同じように、もしかしたら「利きほお袋」があるのでは、という説もあります。先に入れるのは右から？ 左から？ 特に膨らんでいるのはどっち？ 観察してみるのも楽しいですね。

『シマリスとキノコ』 Etsuko Fukushi

『シマリスの春』 Etsuko Fukushi

『シマリスの夏』 Etsuko Fukushi

作ってみよう!

りすクッキー

■用意するもの
- **クッキー生地**(市販のクッキーミックス粉を使うと簡単)
- **チョコペンまたはアイシング**(顔や模様を描くもの、どちらかで可。簡単なのはチョコペン)
- **薄手プラスチックまな板**(切って型紙にするので安価なものでも可)
- 生地を伸ばす**めん棒、油性ペン、ハサミ、果物ナイフ、オーブン**
- 応用編:ジャムサンドクッキーにするには、市販の**お好みのジャム**

■手順
1. プラスチックまな板に、油性ペンでP.75のリスの輪郭線を写し、ハサミで切り取り、型を作る。※油性ペンは、洗剤で洗えば綺麗に落ちます。
2. お好みのクッキー生地を用意し、めん棒で平らに伸ばす。厚さ5mmくらい。
3. ①で作った型を、②のクッキー生地の上に置いて、型に合わせて、果物ナイフでカットする→生地がリス型になる。
4. オーブンで焼く。170度で18分前後。※オーブンの機種や生地により異なります。焼けたら冷ましておく。
5. リス型クッキーに、顔・模様を描く。

初級:チョコペンをお湯で温めてから先をカットし、リスの顔・模様などを描く。(横向きリス)
中級:絞り袋に入れたアイシングを用意し、顔などを描く。(正面顔リス)
応用編:りすクッキーの型紙を縮小し、小さめに焼いて、ジャムをはさんで2枚重ねれば、ジャムサンドクッキーも作れます。

りすラテ

■用意するもの
- **コーヒー、牛乳、泡立ったラテが作れる器具**(専用のマシンか、ミルク用の泡立て器等)
- **ココアパウダー、茶こし**
- **直径8cm前後のマグカップかグラス**(直径が極端に大きいor小さい場合は、型紙を拡大or縮小して使う)
- **クリアファイル**(文具店等で売っている書類用のもの。型紙を作るのに使います。切って1枚のシート状にしておく)
- **カッター、ハサミ等**

■手順
1. P.74の型紙をコピーしてクリアファイルの下に敷き、テープ等で固定する。型紙をなぞってカッターでクリアファイルを切り抜く。周囲はハサミで切ってもOKです→ラテの型になる。
2. 上に泡があるカフェラテを美味しく淹れる。ホットでもアイスでもOK。
3. ラテの型をカップ(orグラス)に乗せて、茶こしでココアパウダーをふるって入れる。絵柄がまんべんなく出るようにココアをかける→出来上がり!

応用編:焼いたホットケーキに型をのせて、ココアをふるってかければ、リスホットケーキも作れます。

りすクッキー制作協力:Le Carrosse d'or ル・キャロッス・ドール　尾野田香織
http://lecarrossedor.cocolog-nifty.com

プラ板りすブローチ

■用意するもの
- プラ板(工作用の焼いて縮むもの。画材店、手芸店等に売っている安価すぎないものがおすすめ)
- 黒の油性ペン
- フエルト
- 透明な接着剤(プラスチックとフエルトに使えることを確認してくださいね)
- ブローチピン(手芸屋さん等で売っています)
- オーブントースター(オーブンやグリルは使用不可)
- アルミホイル
- クッキングシート、板または厚い本(プラ板の重しに使います)
- ヤスリ(爪用のヤスリ、または紙ヤスリ)、ハサミ

■手順
1. プラ板にP.75の下絵を写す。焼くと40%前後(10cmが4cm前後)に縮むので、大きめに描く。絵は左右逆になります。(ブローチの裏側に絵がある方が、絵がこすれて薄くならないので、裏返す)
2. プラ板をハサミで切り取る。
3. オーブントースターに、丸めて細かいシワをつけたアルミホイルを敷いて、プラ板を置く。焼く温度や時間の目安は、プラ板のパッケージ等に記載がありますが、オーブントースターの機種によっても異なります。
※焼いてる途中で目を離さないこと!!
※オーブントースターでクッキングシートを使うと燃えることがあるので、必ずアルミホイルで! 焼き始めに丸まりながら大きく縮み、その後、少し平らに戻りながらゆっくり縮みます。完全に平らにはならず、多少反った状態で焼き上がることが多いです。
4. 焼き上がりは熱いので、素手で触らない。熱いうちに割り箸やピンセットでつかみ、クッキングシートを広げた平らな場所に取り出す。クッキングシートをプラ板の上にも置き、板や本などで重しをしてプラ板を伸ばす。
※熱いうちはプラ板やペンのインクがくっつくので、板や本を直にプラ板に置かないこと!
5. よく冷ましてから、プラ板の端が尖っていたりギザギザしていたら、ヤスリで角をとる。
6. 接着剤で、絵を描いた側にフエルトを貼る。(絵が落ちなくなる)
7. 裏に接着剤でブローチピンを貼って、完成!

りすカレー
参考商品

イベント「りすカフェ」で大人気だったメニューがおうちでも作れます! ライスをリスの顔の形に盛って、耳やマズル(鼻と口のでっぱり)は、ゆで卵を切って飾ります。写真では、目はアーモンド、おでこのシマはベーコン、鼻はレーズン、口はオリーブペースト、手はチーズを使用。身近な材料でいろいろ工夫して、可愛い「りすカレー」を作ってみましょう。

りすラテ、りすカレー制作協力:ぽたかふぇ。
陶器絵付け(ポタリー)が出来て、様々な作家の展覧会が店内で開催されるアートなカフェ。
イベント「りすカフェ」を、毎年秋に期間限定で開催する会場でもあります。
〒166-0002 東京都杉並区高円寺北3-21-5 ハイツ・ロイヤル2F TEL&FAX 03-5373-8099
木曜定休(祝日の場合営業、翌金曜休み) http://pottercafe.main.jp

りすラテの型紙

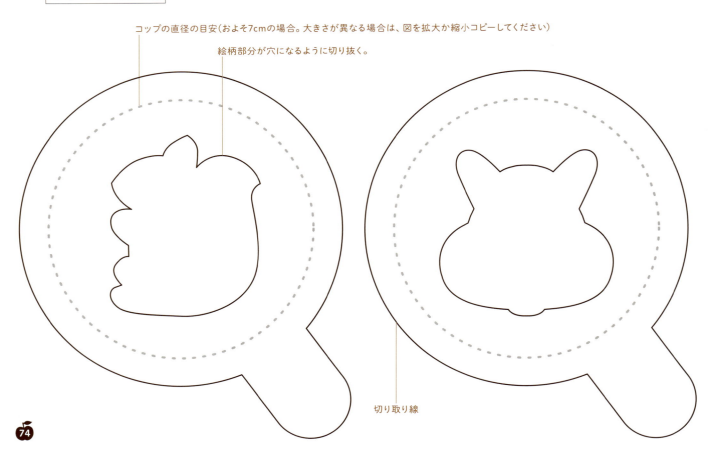

コップの直径の目安(およそ7cmの場合。大きさが異なる場合は、図を拡大か縮小コピーしてください)

絵柄部分が穴になるように切り抜く。

切り取り線

りすクッキー、プラ板りすブローチの型紙

知っておきたいリスのこと

回答 動物ライター **大野瑞絵**

とてもとても可愛いけれど、「可愛い」だけではないのが、リスの魅力。
その不思議な魅力に近づくために、
もっと知りたい「？」なこと、ちょっと気になるこんなことなど、
リスのスペシャリストにお尋ねしました。

あなたが「森」になってください。

Q リスにはどんな種類がいるのですか？

A「リス」といったときに、ほとんどの人がイメージするのが「シマリス」。日本ではエゾシマリスとして北海道に生息していますが、ペットとして飼われているのは中国から輸入されている別亜種（同じ種類のなかで、異なる地域などに分布するグループ）です。他にアメリカアカリス、ミケリスなども。ちなみに、クリハラリス（タイワンリス）、キタリスは、生態系を守ることなどを目的とした「外来生物法」により、ペットとして飼うことはできません。

Q 飼うためには、
どんな準備をすればよいのでしょう？

A まず、リスの住まいと食餌ですね。「住まい」としては、飼育ケージ、巣箱、底に敷く床材、餌入れ、給水ボトル、トイレ容器、トイレ砂、止まり木など。「食餌」は、主食となるペレットや雑穀などで、いずれもペットショップで用意できます。飼育書もたくさん出ていますので、「見切り発車」はせず、事前に飼育書を読んで予習しておきましょう。

Q リスを飼いたくなったら、
やはりペットショップに行けばよいのですか？

A そうですね。ただ、子リスたちが店頭に並ぶのは「春」だけ。たまらなく可愛いので、くれぐれも「衝動買い」にはご用心、です。購入の際には、健康な子を選び、スタッフの説明をよく聞くことも忘れずに。もし、新しい飼い主さんを探しているという人がいたら、それも選択肢のひとつです。

Q 動物病院の選び方について
教えてください。

A ちょっと意外かもしれませんが、犬猫以外の小動物を診てくれる動物病院は、そう多くありません。近くにリスを診てくれる動物病院があるかどうか、飼う前に探しておきましょう。

Q どのくらい、なついてくれますか？

A 個体差はありますが、犬や猫のような慣れ方、なつき方はしないと思います。でも、少しずつ距離を縮めていくことはできるので、焦らずに付き合っていきましょう。「怖くないと思ってもらおう」くらいの気持ちからスタートするのがよいかもしれません。そうすれば、ちょっとしたコミュニケーションも大きな喜びに。その積み重ねが、リスとの暮らしを楽しくしてくれるはずです。

Q 急に凶暴になったりすることがあるって、本当ですか？

A 本当です。秋になると急に気が荒くなり、噛みついてきたりするので、最初はびっくりすると思います。でも、これは冬眠に伴う体内の変化に関係があると考えられており、しかたのないこと。本能的なものなので、必要以上にかまわないなど、上手に付き合うようにしてください。春になれば、また元の状態に戻ります。

Q 飼っているリスは冬眠しないのですか？

A 室温が低くなれば冬眠することもありますが、そういうときのリスは体温が下がり、呼吸数も少ないので、冬眠中なのか、具合が悪いのか、判断が難しいことがあります。ですから、冬も20℃以上の温度を維持し、冬眠しないように飼ったほうが安心とされています。

Q シッポが切れてしまうこともあるそうですが・・・？

A リスを捕まえようとしてシッポを掴んだりすると、切れてしまうことがよくあります。シッポだけを残して逃げるという、野生動物に特有のものですが、トカゲのシッポなどとは違い、リスの場合は再生しません。つい掴んでしまいやすいシッポですが、くれぐれも注意しましょう。

Q 部屋で放し飼いにできますか？

A できないとは言いませんが、相当の覚悟が必要です。リスにとって、部屋の中は危険なものでいっぱい。かじると危険な電気コードや、薬品、ビニール袋などはもちろん、ちょっとした隙間でももぐりこんでしまったら大変！ 何より危険なのはあなた自身で、うっかり踏んづけたりしてしまうかもしれません。動物を「飼う」のなら、まず「安全」を確保してやることが一番、です。

Q 飼うときは、1匹より2匹のほうが淋しくないでしょうか？

A リスは単独で暮らす動物です。ですから、1匹でいることを淋しいとは感じないでしょう。間違った擬人化は、人間の考えのリスへの押し付けです。リスと人間は違う動物だということを、まず理解しましょう。ちなみに「動物をちゃんと飼う、ちゃんと飼えば動物は幸せ、動物が幸せなら飼い主も幸せ。そのために必要なのは愛情と科学の心」が、私のモットーです。

Q リスの寿命はどれくらいですか？

A 正確なデータはないのですが、だいたい4〜8歳くらいでしょうか。もともと野生の動物だったものを室内で飼うわけですから、少しでも健康で長生きしてもらうためには、さまざまな工夫が必要です。それを、どこまで「楽しみながら」できるかどうか、ですね。最初に「外来生物法」のことをお話しましたが、シマリスが特定外来生物に指定される可能性はゼロではないと思います。そうなれば、ペットとして飼えなくなってしまうのです。そのようなことにならないためにも、シマリスがもともとは日本にいない動物だということを理解し、逃がしたり捨てたりせずに、責任をもって最後まで飼うようにしてください。シマリスは、私たちの家に棲む「小さな野生」です。あなた自身が森になり、おおらかな気持ちで育ててほしいと思います。

大野瑞絵（おおの・みずえ）

東京生まれ。1匹のシマリスとの出会いがきっかけで動物ライターに。主な著書に『ザ・リス』『小動物 飼い方上手になれる！リス』『リスの救急箱100問100答』など多数。1級愛玩動物飼養管理士、ペット栄養管理士、ヒトと動物の関係学会会員。

リスに会いたくなったら
―― 全国・リス園ガイド ――

リスとの楽しいひとときを過ごせるスポットを、
ほんの一部ですがご紹介！
ただ、可愛いリスたちのために、ここでちょっとだけお願いが。
リス園のリスたちは、野生でも人に慣れていることが多いので、
気がつかないうちにそばにいた、などということも。
うっかり踏んづけてしまったりすることのない よう、
充分に気をつけましょう。
また、開園の時期、時間などは、変更されることもありますので、
事前に確認してからのお出かけがオススメです。

**放し飼いのリスたちが、エサを求めてあなたのもとへ！
自分の手でエサをやれる、うれしいスポットです。**

※「走らない」「リスをつかまえない」「大声を出さない」など、
　それぞれのリス園の注意事項をしっかり守りましょう。
※入園料が有料のところも無料のところも、エサ代は別になります。
　ひまわりの種などが多く、1袋100円ほどです。

🐿 オホーツク シマリス公園
網走湖のほとりにある、自然豊かな公園。
人なつこいシマリスたちが待っています。
〒099-2421 北海道網走市呼人352
☎0152-48-2427　開園：5〜10月頃　3歳以上400円　2歳以下無料
http://www.recruit-hokkaido-jalan.jp/guide/k01335

🐿 小樽天狗山　シマリス公園
天狗山の山頂は、小樽の街を見下ろす絶景ポイント。
シマリスが間近に見られます。
〒047-0023 北海道小樽市最上2-16-15　小樽天狗山ロープウェイ　山頂
☎0134-33-7381　開園：6〜10月頃　無料
http://www.ckk.chuo-bus.co.jp/tenguyama

🐿 加茂山リス園
市街地にありながら広々とした加茂山公園。
その中にある、人気のシマリス園です。
〒959-1311 新潟県加茂市加茂228　加茂山公園内
☎0256-53-3698（加茂山リス園）、0256-52-0080（加茂市都市計画課）
開園：4〜11月頃　月曜定休　無料
http://www.city.kamo.niigata.jp/section/toshi/kamoyamakouen.htm

🐿 町田リス園
広場では200匹のタイワンリスが放し飼い！
ウサギやモルモット、ケヅメ陸ガメもいます。
〒195-0071 東京都町田市金井町733-1　☎042-734-1001
ほぼ通年開園　火曜・年末年始(12/27〜1/2)休み　大人400円　子供200円
http://www.machida-risuen.com

🐿 真岡りす村ふれあいの里
リスやウサギ、プレーリードッグなどと、
のどかな一日を。週末にはSLも走ります。
〒321-4304 栃木県真岡市東郷755
☎0285-84-4008　通年開園　大人700円　子供500円
http://www.risumura.com

🐿 ぎふ金華山リス村
1965年開業の日本初のリス園。
岐阜市内を一望できる山頂で、タイワンリスと遊べます。
岐阜県岐阜市金華山山頂　金華山ロープウェー　山頂駅前
☎058-262-6784（ぎふ金華山ロープウェー）　通年開園　4歳以上200円
http://www.kinkazan.co.jp/riro.html

🐿 リスの森・飛騨山野草自然庭園
エゾリスとシマリスが約250匹。
庭園では、山野草を観察しながらの散策も楽しめます。

〒506-0034 岐阜県高山市松倉町2351-7
☎0577-33-9232　開園：3〜11月頃　月曜定休　大人780円　子供380円
http://www.jalan.net/kankou/spt_21203cc3310040353

🐿 市民ふれあいの里 リス園
人気のアウトドア・スポットの中にある、
タイワンリスがたくさんいるリス園です。

〒589-0003 大阪府大阪狭山市東野東1-32-2
☎072-366-1216　通年開園　年末年始(12/29〜1/4)休み　中学生以上200円
http://gurutabi.gnavi.co.jp/i/i_107174

自分でエサをやったりはできませんが、それだけに、
自然に近い状態で観察することができるスポットです。
動物園からも、いくつかご紹介。

🐿 井の頭自然文化園　リスの小径（こみち）
井の頭公園内にある、人気スポット。
放し飼いのニホンリスが、足元を走り回っています。

〒180-0005 東京都武蔵野市御殿山1-17-6
☎0422-46-1100(井の頭自然文化園管理事務所)
通年開園　月曜・年末年始(12/29〜1/3)休み　大人400円　中学生150円
http://www.tokyo-zoo.net

🐿 さいたま市・市民の森　りすの家（うち）
リスのエサとして持ってきたドングリは、入口にあるどんぐりポストに。
シマリスが放し飼いです。

〒331-0803 埼玉県さいたま市北区見沼2-94
☎048-664-5915(見沼グリーンセンター)
通年開園　月曜・年末年始(12/29〜1/3)休み　無料
http://www.city.saitama.jp/004/001/003/001/p000088.html

🐿 石川県森林公園　森林動物園
ホンドリスやシマリスのほか、ニホンジカやホンドキツネなど、
里山の動物たちが飼育されています。

〒929-0465 石川県河北郡津幡町字鳥越ハ2-2
☎076-288-1214(石川県森林公園事務所)
通年開園　年末年始(12/29〜1/3)休み　無料
http://www.shinrinpark-ishikawa.jp/annai/zoo.htm

🐿 神戸市立王子動物園「動物とこどもの国」エリア
通り抜けのできる「リスと小鳥の森」に、
ニホンリスやシマリスが暮らしています。

〒657-0838 兵庫県神戸市灘区王子町3-1
☎078-861-5624　通年開園　水曜・年末年始(12/29〜1/1)休み
高校生以上600円　中学生以下 無料
http://www.kobe-ojizoo.jp

複合施設のなかにある、リスのスポット。
楽しみ方もいろいろです。

🐿 りすとうさぎの小動物公園
高さ120mの牛久大仏園内にある公園。
エサやりのできるタイワンリスやウサギが放し飼いに。

〒300-1288 茨城県牛久市久野町2083
☎029-889-2931　通年開園　大人500円　子供300円(庭園+小動物公園)
http://daibutu.net/fureai.html

🐿 飛騨高山まつりの森　リスと遊べる森
高山祭の豪華な屋台を展示。
自然の中の「リスの家」で、シマリスにエサやりも。

〒506-0032 岐阜県高山市千島町1111　☎0577-37-1000
開園6〜11月頃　大人600円　子供400円(世界の昆虫館+リスと遊べる森)
http://www.togeihida.co.jp

おわりに

いかがでしたか？

Special thanks to
ご協力いただいた、すべてのみなさま。
写真のモデル：シマリスの小桃、小次郎、ピノ、まな、コムギ、コタロー、しまじろう。ほか、リス園や野生のリスたち。

リスたちを眺めて、楽しいひとときを過ごしていただけましたか？
　今回の本は、リスに夢中で写真を撮り続けている人、リスを飼うことや屋外観察で得たイメージを作品で表現している人、動物ライターさん等に、ご協力いただきました。リス好きさんたちはみな、強い情熱を持った人ばかりで、感激しました。「リスのことなら」「リスの魅力を広めるためなら」と、手間隙惜しまず尽力してくださり、おかげさまで充実した画像や内容が集まりました。みなさんのリス愛に溢れた情報の中から、厳選してお届けしましたが、誌面の都合で泣く泣く掲載を断念した部分もありました。一冊では、リスの魅力とリス好きさんの熱い思いを伝えきれていない気もします。
　たとえば実際にリス園に行くと、エサをほお袋いっぱいに詰め込む姿や、その他のポーズも含め、くるくる変わる表情や動きを、たっぷりと見ることができます。リスの飼育については、飼育書をじっくり読み込むと、役に立つ具体的な知識が得られます。グッズが気になったら、工夫して作ったり、イベントや雑貨店で探す楽しみもあります。
　さらに、リスをきっかけに小さな生き物全般、森や生態系についての関心を深めるなど、今まで以上に、自然を身近に感じるようになるかもしれません。
　この本は入り口に過ぎないので、これからもっとリスを好きになったり興味を持ったりして、あなた自身でリスの世界を広げていただくことが、「リス好き」一同の喜びになります。

「リス派」「リス好き」という言葉が当たり前になる日を願って。

2016年9月　　福士悦子

ラブ♡ほお袋
2016年10月1日　初版第1刷発行

監修	福士悦子
編集人	宮田玲子
発行人	廣瀬和二
発行所	辰巳出版株式会社
	〒160-0022
	東京都新宿区新宿2丁目15番14号
	辰巳ビル
	販売部：TEL 03-5360-8064
	編集部：TEL 03-5360-8097
	http://www.TG-NET.co.jp
印刷・製本	図書印刷株式会社

本書の無断複写（コピー）を禁じます。
乱丁落丁本はお取替えいたします。
定価はカバーに表示してあります。
©TATSUMI PUBLISHING CO.,LTD.2016
©Etsuko Fukushi
Printed in Japan
ISBN978-4-7778-1757-3 C0077

デザイン	HIGH DESIGN／高橋弘将
イラストレーション	福士悦子
編集	稲田雅子
進行	本田真穂（辰巳出版）

写真撮影

鈴木さゆり／表紙カバー、帯、扉、p.26（左）、28（中段・左より2番目、3番目。下段・左より3番目）、29（上段・左端。中段・右端。4段目・左端）、30、31、32、36、37、38、39、40（右上、下段2点）、48

三浦大介／カバー袖、p.8、9、10、12〜13、15（左上）、16、17、18（4点）、19、20、21、22〜23、25（右）、27、28（上段・左より1番目、3番目。中段・左端。下段・左より1番目、2番目、右端）、29（上段・右端。中段・左より2番目、3番目。下段・左より1番目、2番目）、44、45（4点）、46、47、ポストカード

菜十木ゆき／p.11（2点）、14

中村あや／p.15（右上・下段2点）、24（2点）、25（左）、26（右・2点）、29（上段・中央）、40（左上）

まゆ美／p.28（上段・左より2番目、中段・右端）、29（下段・右端）、41、42、43

福士悦子／p.28（上段・右端）、29（中段・左端。下段・左より3番目）、33

yasukoyamaguchi／p.34（2点）、35（2点）

［撮影協力］

さいたま市・市民の森　りすの家（うち）　　　の写真
井の頭自然文化園　リスの小径（こみち）　　　の写真
オホーツク　シマリス公園　　　の写真

POST CARD

POST CARD

LOVE♡HOOBUKURO
Illustration by Etsuko Fukushi

LOVE♡HOOBUKURO
Photo by Daisuke Miura